AF359437

RECHERCHES

HISTORIQUES

SUR LES CONGRÉGATIONS HOSPITALIÈRES

DES FRÈRES PONTIFES,

OU

CONSTRUCTEURS DE PONTS;

PAR M. GRÉGOIRE,

ANCIEN ÉVÊQUE DE BLOIS, ETC, ETC.

PARIS,

CHEZ BAUDOUIN FRÈRES, LIBRAIRES,

RUE DE VAUGIRARD, N° 36, PRÈS LA CHAMBRE DES PAIRS;

ET COMTE, au Bureau du Censeur, rue Gît-le-Cœur, N° 10.

1818.

De l'Imprimerie de J.-M. EBERHART, rue du Foin
S.-Jacques, N° 12.

PRÉFACE.

LES Antiquités ecclésiastiques de France
sont un champ presque abandonné depuis
la suppression des Corporations religieuses,
qui le cultivoient avec tant de succès et de
persévérance. Au lieu de se borner à élaguer
ce qui, dans les Ordres monastiques, étoit
vicieux ou superflu, on n'a su que détruire.
Leurs vastes bibliothèques , leurs riches
dépôts de titres anciens ont été en grande
partie dilapidés et ravagés.

Les recherches, que je publie, ont subi
l'épreuve exigée des deux lectures à la classe
de Littérature ancienne de l'Institut, lors-

que. . . . .

. . . . (1).

Ce morceau historique , sur cet article , pourra servir de supplément à l'ouvrage du Père Helyot , dont *l'Histoire des Ordres monastiques* , malgré les erreurs et les omissions , sera toujours un monument précieux.

Le sujet que je traite n'est point absolument neuf , mais j'ose croire qu'on y trouvera des faits très-peu connus et des rapprochemens propres à jeter du jour sur cette matière. Des personnes aussi distinguées par leurs talens que par les qualités du cœur ont secondé mes recherches, et se

---

(1) Voyez des Dépenses et des Recettes de l'État , par M. le comte Lanjuinais , *in-8°* , 1818, p. 3o.

(v)

sont empressées de me procurer des renseignemens. J'acquitte un devoir, et je goûte
un plaisir en consignant ici mes sentimens
de reconnoissance pour Mme la Duchesse
Douairière de Saxe-Gotha; MM. le Baron
de Zach; Perier, ancien Évêque d'Avignon;
le Président Fauris de Saint-Vincent;
Munter, de l'Académie des Sciences de
Danemarck; le Chevalier de Llorente, des
Académies de Madrid, etc., Vicaire général de Calahorra; feu Achard, de l'Académie de Marseille, etc., etc.; ces noms ho-
norés dispensent de tout éloge.

A travers les indications vagues, et les
récits des Auteurs, qui, en parlant des
Frères Pontifes, se copient, et souvent se
contredisent, j'ai tâché de saisir la vérité,
de tracer des lignes entre ce qui est faux,
ce qui est probable, ce qui est avéré; mais

il reste des incertitudes à fixer. J'appelle
sur ce sujet l'attention des Savans du Midi,
les Archives de cette contrée recèlent peut-
être encore des documens qui éclairciront
les doutes, et nous révèleront des faits nou-
veaux. Je désire que des recherches plus
étendues et plus heureuses, rendent les
miennes inutiles.

TABLE

DES CHAPITRES.

(VIII)

RECHERCHES HISTORIQUES

SUR LES CONGRÉGATIONS

DES FRERES PONTIFES,

ou

CONSTRUCTEURS DE PONTS.

CHAPITRE PREMIER.

Introduction.

—

A la suite de l'invasion de l'Europe, par les barbares, elle fut désolée par l'anarchie féodale et livrée aux calamités de tout genre. Les propriétés, la liberté, la vie des hommes furent le jouet de la violence, si abusivement nommée le droit du plus fort, puisqu'il n'y a de droit que ce qui est juste. Elle auroit entièrement dissous les sociétés politiques si la force morale de la religion n'avoit été pour ainsi dire, le ciment qui les consolidoit. Le christianisme qui étend la main partout où il peut placer un bienfait, vint consoler l'humanité par des institutions toutes fondées sur le même principe , dirigées par les mêmes motifs pour arriver à un but commun , et dont plusieurs se sont perpétuées jusqu'à nos jours.

Le roi Alfred , vraiment digne du nom de *Grand* , et le pape Alexandre III avoient proclamé les droits de l'espèce humaine. Les évêques Saint Bond, de Clermont en Auvergne, Saint Anschaire, de Hambourg, Saint Lambert, d'Utrecht, Saint Wulstan, de Worcester, etc. avoient déployé tous leurs efforts contre la traite des blancs, celle des nègres n'existoit pas encore. Bientôt après naquirent les congrégations de la Mercy et de la Trinité pour la Rédemption des captifs, celles des Jésuates, du Saint-Esprit de Montpellier, de Saint Antoine de Viennois, pour le soulagement des pauvres, des malades et des étrangers ; celle de Saint Bernard de Menton , qui , bravant toutes les rigueurs de la nature, subsiste au milieu des Alpes dans sa ferveur primitive, pour secourir les voyageurs ; dans le midi de la France, pour les protéger, leur faciliter le passage des fleuves, soit en établissant des bacs, soit en construisant des Ponts, fut établie la congrégation des Pontifes, ou *Pontistes* ou *Frères du Pont.*

Les Chevaliers du Temple, de l'ordre Teutonique et de Saint Jean de Jérusalem , occupent une place étendue dans l'Histoire. Les érudits se sont exercés même sur d'autres so·ciétés moins dignes des regards de la postérité, et récemment l'Italie a vu éclore deux gros volumes, *in-4°*, sur les *cavalieri gaudenti*, tandis que des ordres qui ont fait du bien, et beaucoup de bien , sans faire de bruit, n'ont ·pas encore trouvé d'Historiens. A peine connoît-on ces *Clercs de la vie commune* , qui, répandus dans la Frise , la Gueldre , le Brabant, le Cambresis, la Westphalie s'occupoient, d'après leurs statuts, à transcrire les anciens manuscrits. L'invention de l'Imprimerie donnant à leurs travaux une direction nouvelle , ils .se hâtèrent d'établir des presses dans les lieux où ils avoient des maisons, et ils furent les fondateurs de la typographie à Bruxelles (1).

L'ordre des *Frères du Pont* pourroit-il être connu chez les étrangers , lorsqu'il l'est si peu même en France, lorsque des historiens estimés , Noel Alexandre , Fleuri , Racine , Becchetti, etc., n'en font aucune mention ?

-----

(1) Voyez *Historia Silvæ Nigræ* , par don Gerbert, t. 2, p. 31. Le catalogue de la Serna-Santander , n° 458 et 463. Son dictionnaire bibliogr. , p. 317 , 318 et 356.

CHAPITRE II.

Corporations de Bateliers et d'Utriculaires dans les Gaules sous la domination romaine.

———

Sous la domination romaine on voit dans les Gaules des corporations multipliées de bateliers pour transporter les marchandises et pour faciliter le passage des rivières.

Une inscription trouvée sous le chœur de Notre-Dame de Paris, parle des *Nautæ parisiaci.* La notice des dignités de l'empire, le recueil des Historiens de France, par Bouquet, offrent la preuve qu'il existoit de ces corporations pour la Seine, la Sambre, la Loire, la Saône, le Rhône, la Durance, etc., et que chacune avoit un préfet ou patron. Le corps des bateliers, pour le Rhône et la Saône, est qualifié *splendidissimus.* Il érigea une statue à Julius-Severinus, son patron; et décerna aussi un

monument à Helvius , un autre de ses pa-
trons (1).

Nautœ est l'expression la plus·usitée pour
désigner ces bateliers ; mais diverses inscriptions recueillies par Gruter, Juste-Lipse, Reinesius et Muratori, les nomment *Lenuncularii*,
Lintrarii, etc., et plus communément *Utricla-
rii*, ou *Utricularii* (2). Cette dernière dénomination se trouve dans Suetone (3); Spon, dans
ses *Antiquités lyonnaises*, et dans ses *Miscellanea*, parle du collége des *Utriculaires* de
Lyon (4).

Schwartz, professeur d'Altorf, disserta depuis sur les *Utriculaires* avec un grand appa-
reil d'érudition (5). Le dernier écrit, à ma con-

---

(1) Voyez D. Bouquet , recueil des Historiens de
France , t. 1 , p. 128.

(2) Voyez Gruter, p. 413 , n° 4 , et p. 428 , no 10.
Lips. *incription. ant.* F. CLXVII. *Reinesius syntagma
inscript.* Clas. XI n° LXIV. *Muratori inscript. ant.* P.
DXXXI. 4 , 5 et DXXXII. 1.

(3) Voyez Suéton. *in vitâ Neronis*, c. 5.

(4) *Antiquit.* p. 102 ; et *miscellanea eruditæ antiqui-
tatis*, par Jacques Spon, in-fol., *Lugduni*, 1685. p. 61
et 171.

(5) Voyez *Schediasma philologicon de collegio utri-
culariorum præside*, Gott. Schwartz. *in·4°*. Nuremberg
1714, réimprimé dans ses *Miscellanea politioris huma-
tatis*, en 1721.

noissance sur cette matière, est celui de Calvet, médecin d'Avignon, qui, ajoutant aux recherches antérieures, publia, en 1766, une dissertation curieuse sur la Société des *Utriculaires*, établie à Cavaillon, pour le passage de la Durance (1).

L'antiquité lui offre une foule de témoignages qui attestent l'emploi des outres pour des bateaux, et pour des radeaux, sur lesquels on passoit même des armées : cependant ces moyens de navigation prouvent, dit Murray, que l'art étoit alors dans son enfance (2). Calvet arrive ensuite aux colléges ou corporations d'*Utriculaires*, établies dans la Gaule méridionale; car c'est là qu'on a trouvé jusqu'ici les seules inscriptions sur cet objet, excepté celle de Temeswar (3).

Le besoin qui avoit créé ces corporations, put les maintenir, surtout en Provence, où la plupart des rivières sont très-fougueuses; mais aucun lien religieux ne fortifioit leur union,

------

(1) Dissertation sur un monument singulier des Utriculaires de Cavaillon, etc. par Calvet, *in*-8° Avignon 1766.

(2) Voyez *De re navali veterum septentrionalium*, par Murray dans les mémoires de Gottingue, t. 3, page 123.

(3) Voyez Calvet, *ibid.*, p. 14.

et dans le moyen âge, ces hommes rapprochés seulement par l'intérêt personnel, n'étoient plus que des associations de brigands, qui vexoient et dévalisoient les voyageurs, et qui suivant l'expression d'un écrivain : « sous pré-
» texte de les faire passer d'un bord à l'autre,
» les faisoient passer dans l'autre monde ».

Pour remédier à ce désordre, quelques hommes pieux conçurent le projet d'établir des hospices et des bacs près des rivières, d'y bâtir des ponts; delà ils furent appelés *Pontifes*: ce nom, donné à des ministres de la religion, par Rome chrétienne, qui l'avoit emprunté de Rome payenne, tire peut-être son origine de travaux auxquels avoient concouru ses premiers Pontifes, qui avoient fait construire ou réparer des ponts, entre autres le Pont *Sublicius*. L'autorité de Varron, qui l'assure (1), n'est pas détruite par les plaisanteries d'un journaliste, qui s'efforce de le ridiculiser sur cet article (2) comme présentant des *étymologies très-niaises*; ce sont ces termes. Mais le censeur de Varron a-t-il mieux rencontré lorsqu'il invoque l'autorité de Jablonski, pour nous apprendre que chez les Egyptiens le

____

(1) Voyez *Varron, de Lingua latina*, l. 4, c. 15.
(2) La Revue philosophique, 1806 1er avril, p. 23.

grand **Pontife** se nommoit **Phon-em-Phre** ? La distance qu'il y a entre ces deux mots, rappelle l'épigramme du chevalier de Cailly, sur *equus*, qu'on dérivoit *d'alfana*. Funccius, dans son traité sur *l'Age viril de la langue latine*, adopte l'opinion de Varron (1), combattue par Plutarque, mais soutenue par Denys d'Halicarnasse et par Zozime (2). Forcellini, dans son *Lexicon*, l'appuie d'autres autorités. Au reste quelle que soit l'origne du mot *Pontifex*, il eut souvent dans le moyen âge une acception qu'on ne peut contester. On lit, dans Ducange, *pontificare*, faire un Pont; *Pontifex*, constructeur de Ponts.

---

(1) Voyez *Nicol. Funcii Marburgensis de virili œtate linguæ latinæ, in-4°, Marburg* 1727, *pars altera*, pag. 149.

(2) Voyez *Dionys. Halic. antiq.*, l. 2, c. 20. *Zozim.*, l. 4.

CHAPITRE III.

Etablissement de la Congrégation des Frères Pontifes.

L'ORDRE des frères Pontifes seroit oublié, s'il n'avoit été illustré par saint Bénézet fondateur du pont d'Avignon, dont les actions citées avec éloge par les auteurs, ont été célébrées en beaux vers latins par le P. Bouchard, jésuite, (1) et recueillies en corps d'ouvrages par trois ou quatre biographes. Théophile Raynaud publia en 1643 son livre *Sanctus Benedictus pastor et Pontifex Avenionensis descriptus* (2). Il mérite le reproche de crédulité que lui adresse le docteur Launoi (3) quoiqu'il discute avec succès quelques faits relatifs à son sujet. Un célestin nommé Seystre

(1) Ce poëme est inséré dans l'ouvrage du P. Théoph. Raynaud, dont on va parler.

(2) *In-8°* Avenion. 1643.

(3) Voyez *Defensa romani breviarii correctio*, par Launoy, *in-8°*, Strasbourg, 1656, p. 143 et sq.

publia en 1675 sous le nom de Despreaux
une vie de saint-Bénézet ; sous le nom supposé
d'Isambec, en 1670, une autre avoit été publiée par Cambis seigneur de Fargues , mais
en compulsant les archives d'Avignon, il
découvrit ensuite deux pièces authentiques,
l'une en latin , l'autre en langue vulgaire où
cossetanique, c'est-à-dire, catalane, qui étoit
alors celle d'Avignon. Ces actes lui prouvèrent
qu'il s'étoit trompé sur divers points, et il
fournit lui-même la correction de ses erreurs
aux Bollandistes qui en firent usage sous la
date du 14 avril, fête de saint-Bénézet.

Une nouvelle histoire de ce saint fut publiée en 1708, par Magne Agricol, dont le
véritable nom est Joseph de Haitze (1). Mais
les Bollandistes exceptés , la plupart des auteurs se copient servilement et sans discuter,
c'est ainsi que Fantoni cite Noguier, Vaissette
cite Helyot, Helyot cite Haitze , qui ne citant
personne , puise souvent dans son imagi-
nation et donne à la vérité la couleur d'un
roman. Une histoire inédite du comté Venaissin
et de la ville d'Avignon par Fornery existe à
la bibliothéque de Carpentras. Les extraits
qu'on m'a procurés annoncent peu de cri-

(1) *In*-12, à Aix.

(11)

tique ; d'ailleurs il ne traite qu'incidemment
la vie de saint-Bénézet, et n'accorde qu'une
mention légère à l'ordre des Pontifes. Les
archives d'Avignon presque entièrement dé-
truites au milieu des troubles révoluti-
onnaires ne m'ont fourni aucun secours.

L'opinion la plus reçue fait naître Bénézet
en 1165 à Hauvilar en Vivarais, qu'on croit
être dans le canton appelé les Boutières. Peu
importe qu'il ait eu le nom de *Bénézet* à
cause de sa courte stature, comme qui diroit
petit *Benoit*, *Benediculus*, quoiqu'il soit
communément appelé *Benedictus Pastor· et
Pontifex*. Dans les notes de Sollier sur le
Martyrologe d'Usuard, on le désigne sous le
titre de *Pastor in Avenione* (1). Du Saussay
trompé par ces mots le fait évêque d'Avignon
dans son Martyrologe Gallican (2); on s'est
moqué avec raison d'une telle bévue; *Pastor et
Pontifex* signifient là un berger faiseur de ponts.

Ici commence le merveilleux, et l'homme
sensé doit également se défendre de la crédulité qui admet tout, et de l'incrédulité qui

----

(1) Voyez *Martyrologium* Usuardi *in-fol.* Anverpiæ
1714, p. 208, 17 de mai.

(2) *Martyrologium gallicanum*, par du Saussay, *in-fol.*
Lutetiæ, Paris, 1637, t. 2, dans le supplément, p. 1107.

posant des bornes arbitraires à la puissance
du créateur, repousse tout, et se rit de tout.
Sur ces prodiges on peut s'en tenir à l'opinion
de Haitze, qui les regarde comme des ampli-
fications redigées par de jeunes moines. Mais
cet auteur, mérite-t-il, plus de confiance, lors
qu'il travestit Bénézet en vieillard cheminant
avec peine à l'aide d'un bâton ? Il est contredit
par tous les historiens qui ne donnent que
douze ans à Bénézet lorsque le 13 septembre
1177, ils le font entrer à la cathédrale d'A-
vignon dans un moment où l'évêque Ponce
rassuroit le peuple épouvanté par une éclipse
solaire arrivée ce jour-là. Bénézet s'écrie qu'il
est envoyé du ciel pour bâtir un pont sur le
Rhône, l'évêque le regarde comme un insensé
et le renvoye au magistrat qui par dérision
lui propose de commencer l'ouvrage en por-
tant au bord du fleuve une pierre que trente
hommes eussent pu difficilement soulever, et
quand on débite qu'il la porta, » c'est, dit
» encore Haitze, une hyperbole écrite suivant
» la manière des encomiastes du tems pour
» figurer la facilité avec laquelle fut posée la
» première caisse. »
André Duchesne, ou l'auteur quel qu'il soit
de l'ouvrage publié sous son nom, n'envoye
pas Bénézet à la cathédrale, mais sur la place

du marché ou il fait taire un ménestrier et
annonce sa mission pour faire construire un
pont ; on se moque de lui et on le chasse de
la ville après l'avoir tondu. Il revient trois
semaines après. Alors un bourgeois lui propose de rouler une pierre de treize pieds de
long et sept de large, et Bénézet la roule (1).
Qu'il se soit cru et que le peuple l'ait cru inspiré cela est possible et même probable ; ce
qu'on ne peut révoquer en doute (car à cet
égard les écrivains, et les actes authentiques
tous s'accordent) c'est que malgré l'oppo-
sition de l'évêque et du magistrat, le peuple
qui, dans cette ville alors gouvernée en république, avoit une volonté, accueillit le
projet avec empressement et l'entreprise du
pont fut résolue. L'enthousiasme sans lequel
il est rare de faire quelque chose de grand,
s'exalte par le rapprochement des individus,
il fut secondé par des largesses immenses,
recueillies dans plusieurs provinces (2). Cet

------

(1) Voyez les antiquités et recherches des villes, cha-
teaux et places les plus remarquables de France, par
André Duchesne, 2 vol. *in-12*, Paris 1668, t. 2 ; p. 283,
289 et suiv.

(2) Voyez *Chronologia seriem temporum et historiam
continens*, etc. *ab anonymo*, in-4° 1607, sous l'an 1177,
fol. 84, au verso.

enthousiasme est-il plus étrange dans sa cause et ses effets, que celui d'une armée entière ayant son roi à sa tête à qui, dans un siècle déja moins barbare que le douzième, une paysanne de Domremy près Vaucouleurs, persuade qu'elle est inspirée, dont elle ranime le courage et qu'elle conduit à la victoire *?*

Dans un tems ou les éclipses causoient une épouvante universelle, il n'est pas surprenant que l'évêque d'Avignon ait cru devoir tranquilliser le peuple alarmé par ce phénomène. Mais ici se présente une difficulté.

D'après les actes autrefois déposés dans les archives d'Avignon et la chronique d'Auxerre, tous les auteurs placent l'entreprise du pont à l'an 1177; cependant la table des éclipses du P. Pingré, approuvée par l'Académie des sciences et insérée dans la seconde édition de *l'Art de vérifier les dates*, indique non pas au 13 septembre 1177, mais au 13 septembre 1178, à midi une éclipse solaire visible dans toute l'Europe, presque centrale sous la latitude de 46 dégrés (1), conséquemment très remarquable à Avignon qui est à plus de 43 degrés. A qui doit-on s'en rapporter ? La précision rigoureuse du calcul astronomique

---

(1) Art de vérifier les dates, t. 1, p. 73.

ne permet pas de doute, et ce n'est pas la première fois que la connoissance des lois de la nature appelée au secours de l'Histoire, sert à rectifier les fautes des copistes.

En 1188 fut achevé ce pont si vanté par le chancelier de l'Hôpital :

> ...... *Nil Ponte superbius illo*
> *Quem sublus Rhodanus multis jam labitur auctus*
> *Fluminibus, etc.*

L'historien Fantoni dit, qu'en voyant le pont d'Avignon, le palais apostolique et les murs qui entouroient la ville, on doutoit lequel de ces trois monumens avoit exigé plus de matériaux (1).

------

(1) Voyez *Istoria della città di Avignone, del Contado Venesino, dal padre L. Fantoni Castrucci del ordine carmelitano*, 2 vol. in-4°, *Venetia* 1678, t. 1, l. 1, c. 3, n° 4.

CHAPITRE IV.

Suite du même sujet.

1°. **D**ès l'an 1185, on voit un péage établi sur le pont d'Avignon. Théophile Raynaud ne pouvant concevoir que cela ait eu lieu avant que l'ouvrage fût terminé , croit devoir lire 1195. Mais Cambis de Fargues remarque, avec raison , qu'on a pu exiger un péage sur une partie qui, déjà , servoit au public puisque depuis la chûte de plusieurs arches de ce même pont, on en exigeoit un sur la partie restée intacte jusqu'à une petite île placée au milieu du fleuve où l'on prenoit des bateaux pour achever le trajet (1).

2°. Par un acte de l'an 1187, *Joannes Benedictus* , prieur du pont, obtint pour lui et ses frères, une église, un cimetière et un chapelain. Ce *Benedictus* que Raynaud croit être Bénézet, en étoit le successeur qui s'appeloit de même, et qui, peut-être, avoit adopté

____

(1) Voyez Bolland, p. 261.

ce nom révéré, comme autrefois Saint Cyprien avoit pris celui du prêtre *Cecilius* qui l'avoit converti, et Eusèbe de Césarée celui de *Pamphile* son maître. Cette présomption se fortifie ou plutôt elle devient certitude par le récit de l'écrivain qui a fait la chronique de Saint Marien d'Auxerre ; il étoit contemporain de Bénézet, dont il fixe la mort à l'an 1184, il ajoute qu'en 1185 on exigeoit un droit de passage sur le pont qu'avoit fait bâtir *Benedictus piæ memoriæ* ; donc il étoit mort et n'avoit pas pu finir son entreprise ; d'après un témoignage si positif, la même date est adoptée par les Bollandistes (1), Papyre Masson (2), Pagi (3), Baillet et Butler (4).

Bénézet institua-t-il l'Ordre des Pontifes ou fut-il seulement profès d'un ordre de ce nom dont l'existence étoit antérieure ? Cette dernière opinion est celle de Valbonais (5) et de Haitze, qui fait remonter au dixième siècle l'origine

____

(1) Voyez Bolland, p. 261.

(2) Papyre Masson, *Descriptio Galliæ per flumina.*

(3) Voyez *Baronius*, édit. de Lucques, avec les remarques de Pagi, *in-fol.* Lucques, 1746, t. 19, p. 1177, n° 95.

(4) Voyez Baillet et Butler, art. Bénézet.

(5) Valbonais, Histoire du Dauphiné ; *in-fol.*, Genève, 1722, t. 2, p. 61 et suiv.

des Pontifes. Il prétend que vers 980 ou 1000, un Pont fut construit sur la Durance, dans le diocèse de Cavaillon, à Mauvais-Pas ou Maupas, qui prit le nom de *Bonpas*, lorsque les voyageurs trouvèrent la sécurité dans ce passage, auparavant très-dangereux. Aucun document n'appuie l'assertion de Haitze, qui, pour completter son roman, fait Bénézet Commandeur de la maison de Bonpas.

Raynaud croit que Bénézet fonda l'ordre des Pontifes d'Avignon. Dans les actes il est appelé quelquefois *Prieur*, quelquefois *Procureur*; Raynaud explique cette diversité, en disant qu'il étoit *Prieur*, à l'égard de ses frères, et *Procureur* en ce qui concerne la fabrique du Pont (1). Fantoni soutient qu'à l'imitation des autres corps hospitaliers le nom de *Prieur* fut changé, l'an 1234, en celui de *Commandeur* (2).

D. Vaissette paroît attribuer également à Bénézet l'établissement d'une communauté religieuse, pour veiller à la conservation du Pont, pour recevoir et servir les pélerins (3). Papon, incertain, se borne à dire vaguement *qu'on*

______

(1) Raynaud, p. 89.
(2) Fantoni, *ibid*.
(3) Vaissette, Hist. du Languedoc, t. 2, c. 42.

établit une communauté, d'abord composée de laïcs, qui furent ensuite élevés au sacerdoce, ect. (1). J'ignore sur quel fondement Baillet, critique judicieux, recule la naissance de cette congrégation, jusqu'après la mort de Bénézet, sans exposer ses preuves.

Ces systêmes, qui tous s'appuyent de quelques indications historiques, conduisent à penser que du temps de Bénézet, et même auparavant s'étoient formées des associations pieuses en faveur des voyageurs, et des *Romieux* ou Pélerins ; car les pélerinages alors très-fréquens, étant réputés une bonne œuvre, on attachoit aussi du mérite à leur faciliter la route, à exercer envers eux l'hospitalité ; vertu qui rappellera toujours le souvenir des mœurs patriarchales, et qui est très-recommandée par l'Ecriture-Sainte, par les auteurs ecclésiastiques, spécialement par Origène, Saint Ambroise, Hildebert, Pierre de Blois, etc., etc.

Dès le huitième siècle, on voit le Pape Adrien Ier invoquer la protection de Charlemagne en faveur des hospices placés dans les gorges des Alpes pour secourir les voyageurs. Un capitulaire de cet empereur enjoint aux

____

(1) Papon, Hist. géné. de Provence, *in-4°*, Paris 1778, t. 2, p. 259.

pauvres comme aux riches de les accueillir. Des legs multipliés, des donations sans nombre enrichirent les hospices des indigens, des infirmes, des enfans abandonnés. Muratori, qui a publié beaucoup de ces diplomes, remarque que bien avant le treizième siècle, il étoit peu de villes d'Italie qui n'eussent des établissemens de ce genre (1).

Ces sociétés, dont l'organisation avoit été à peu près indécise, prirent alors une forme régulière. Le Pont ayant été fini en 1188, dès l'année suivante, le Pape Clément III adresse aux frères Pontifes un acte de confirmation. Depuis cette époque ils figurent dans un assez grand nombre de monumens. Tel est, en 1207, un acte de vente à *Etienne, Prieur, aux frères et au monastère du Pont* (2).

Les avantages que procuroit ce Pont, la sainteté du fondateur, le zèle et les vertus des Pontifes leur attirèrent le respect général et beaucoup de legs pieux. Valbonais en cite sous les années 1286 et 1323. D'abondantes aumônes, déposées par la confiance entre leurs mains, étoient par eux reversées

---

(1) Voyez *Antiquitates medii œvi*, par Muratori, *in-fol.* t. 3, p. 562, 581, etc.

(2) Voyez cet acte dans les Bollandistes.

sur les classes souffrantes de la société ; comme en Suisse, on a vu depuis les catholiques et les protestans s'empresser de contribuer aux quêtes pour les capucins de l'hospice du Saint-Gottard, qui prodiguoient à tous les voyageurs, sans distinction, les soins de la charité, et consumoient leur vie dans ces pénibles et saintes occupations.

L'ordre des Pontifes étoit dans tout son éclat au commencement du treizième siècle ; les papes, les évêques de la Provence et du Languedoc, stimuloient la charité par des indulgences aux bienfaiteurs du Pont ; les abbés et les ordres religieux les affilioient à leurs suffrages ou prières ; des princes accordoient aux frères Pontifes des priviléges ; en 1202, Guillaume comte de Forcalquier pour *l'expiation de ses péchés, et par dévotion envers Saint Bénezet*, leur cède les droits qu'il peut prétendre sur le Pont, et il affranchit des droits de transit tout ce qui, destiné à l'entretien de cet édifice, passera sur ses terres. En 1207 il confirme cette donation aux frères Pontifes, Bertrand, Rostagni, Jacques Isnard, etc.

En 1203, Raymond, comte de Toulouse et de Narbonne, en présence de témoins parmi lesquels se trouve Etienne Prieur du Pont, accorde pareille exemption de *pedagium*, *tolta*, *quæsta* et tout autre *usaticum* ou péage de ce qui sera voituré pour le service des Pontifes dans l'étendue de ses domaines; ce titre ayant été en partie déchiré, le comte de Toulouse Raymond le jeune le renouvelle en 1237, sur la demande que lui adresse *Hugolanus Personna præceptor* (c'est-à-dire commandeur), *domus pontis et Petrus Transaçius et Petrus Garetis fratres ejusdem pontis* (1).

En 1321, la chapelle de Saint-Bénézet, placée sur la troisième pile du Pont, où il avoit été inhumé, fut unie par le Pape Jean XXII, à l'église Saint-Agricol d'Avignon, qu'il venoit d'ériger en collégiale. Est-il croyable, dit Raynaud, que si les frères Pontifes eussent encore existé, on les eût dépouillés de la seule maison qu'ils avoient, et où étoit le tombeau de leur fondateur, pour la donner à un chapitre de chanoines ? Sur cette présomption il décide que l'ordre n'existoit plus (2). Bouche, Vaissette et Fornery assurent de même que l'ordre des Pontifes ayant subsisté 133 ans, fut éteint en 1321 (3). Une charte du 24 janvier 1332 ,

-----

(1) Voyez Raynaud, p. 65 et 98.

(2) Voyez *ibid.*, p. 95.

(3) Vaissette, t. 3, p. 163, Fornery Hist. msc.

donnée par Robert, maître d'Avignon , comte de Provence et de Forcalquier, renouvelle les concessions faites en 1202 et en 1204 par ses prédécesseurs à la prière de Jean de Guifrède, bourgeois d'Avignon, et recteur du Pont de Saint-Bénézet (1).

Dans un acte bien postérieur, car il est de 1469, les consuls d'Avignon interviennent sur une cause majeure ; après eux sont cités immédiatement les nobles Thomas Busaffi, Antoine Vitrice et Jacques de Nerri, marchands, citoyens , habitans d'Avignon et *Recteurs du Pont* de cette ville. C'est peut-être à leur négligence (dit M Fortia Durban) qu'on doit imputer le dépérissement du Pont, à moins que l'insuffisance des moyens pour l'entretenir ne les excuse (2). La qualité de *Marchands* donnée aux recteurs du Pont, conduiroit à penser qu'alors les Pontifes d'Avignon avoient été remplacés par des administrateurs laïcs, à qui l'habitude auroit continué la dénomination de *frères du Pont* , comme à Mayence on a quelquefois nommé *Barthelemites* , les

---

(1) Voyez Bollandus, p. 260, 2ᵉ colonne et suiv.

(2) Je saisis cette occasion d'adresser mes remerciemens à M. Fortia Durban, qui m'a donné connoissance de cette Charte.

prêtres qu'on leur avoit substitués; mais de ce que la surveillance du Pont d'Avignon étoit alors dévolue à des laïcs, on auroit tort d'en conclure que l'ordre des Pontifes étoit supprimé, puisque des monumens incontestables certiorent leur existence postérieure sur d'autres établissemens.

CHAPITRE V.

*Etablissement des Frères Pontifes à Bonpas,
à Lourmarin, à Malemort, à Mirabeau.*

RAYNAUD n'accorde aux frères Pontifes d'autre établissement que celui d'Avignon, l'Histoire va nous en montrer ailleurs et même jusqu'au 17e siècle. Haitze prétend que le pont d'Avignon suggéra l'idée d'en construire un à Bonpas sur la Durance; déja nous avons fait observer que sans aucune preuve il y place des Pontifes dès le 10e siècle, mais on y en trouve à la fin du 12e; car une bulle de Clément III en 1189, est adressée à leur Prieur nommé Raymond et à toute sa congrégation. Le pape déclare que, pour suivre l'exemple de Lucius III son prédécesseur, il met leurs personnes et leurs propriétés sous sa protection spéciale et celle du Saint-Siège, en reconnoissance des biens multipliés qu'ils opéroient tant par la construction du pont de Bonpas, que par égard à la charité héroïque qu'ils exerçoient envers les pauvres et les malheu-reux.

En 1270 Alfonse frère du roi saint-Louis comte de Toulouse et du Venaissin, et Jeanne sa femme, fille et héritière de Raymond dernier comte de Toulouse, accordent et confirment aux frères hospitaliers de Bonpas (les faiseurs de pont où Pontifes) tous droits, jurisdiction, fiefs, bannalités qu'ils possédent dans les comtés de Toulouse et du Venaissin; ils se réservent de faire poursuivre par leur sénéchal les délits et les crimes que les frères négligeroient de poursuivre par les juges, et leur imposent la charge du service militaire contre les hérétiques. Cet acte est intitulé : » Privilegium hospitalariis Boni Passûs con- » cessum super *cavalcatarum* et justitiæ ejus » forma etc. (1) » le mot *cavalcatarum* dé-signe ce qu'on nommoît en Provence droit de *cavalcade*.

Sept ans après, c'est-à-dire en 1277, les frères Pontifes de Bonpas, dont le prieur s'appeloit Raymond Alfanti, donnerent pro-curation à Pierre de Régésio, l'un des frères pour les représenter dans un projet de ré-union aux Templiers, et pour traiter cette

---

(1) *Mense maii 1270, ex archivis Boni Passûs n° 453.*

affaire Régésio fut député à Rome (1). Giraud, évêque de Cavaillon, y consentit, mais l'année suivante ayant changé d'avis, le même évêque pria le pape Nicolas III de réunir la maison de Bonpas aux hospitaliers de saint-Jean de Jérusalem, ce qui fut fait.

Bonpas étoit donc de l'ordre de saint-Jean de Jérusalem, lorsque le 12 septembre 1301, à la réquisition des frères hospitaliers de cette maison, Bertrand, évêque de Cavaillon, fit transcrire et enregistrer l'acte d'inféodation passé en leur faveur par Alfonse frère du roi saint-Louis.

En 1320, Bonpas devient une chartreuse à laquelle Jean XXII accorde tous les biens que possédoient là et ailleurs les hospitaliers Pontifes, biens qui avoient été donnés ensuite à l'ordre de saint-Jean de Jérusalem, et que celui-ci avoit remis au Pape. L'acte d'érection du 1er octobre 1320, par Jean XXII, affranchit les chartreux et leurs gens de tout péage sur le bac de la Durance, ce qui prouve que le pont n'existoit plus.

Parmi les établissemens dont fait mention

____

(1) *Procuratio fratrum pontis Boni Passús ad se transferendos in ordinem templariorum*, an M.CCC.LXXVII. VII. Kalend. Jun.

la bulle de Clément III, est celui de Lourmarin sur le chemin d'Aix à Apt, à l'entrée de la Courbe, passage des plus dangereux de la Basse-Provence.

Les Pontifes entretenoient aussi un de leurs détachemens à Malemort, entre la Durance et la route de Paris, connu dans les chartes sous le nom affreux de *Podium sanguinolentum*, c'est-à-dire, côteau ou montagne ensanglantée, étymologie dérivée probablement des assassinats qu'on y commettoit sur les voyageurs avant l'établissement des frères Pontifes.

A Mirabeau près de la Durance, département de Vaucluse, la tradition constante porte qu'au 12e siècle, les frères Pontifes où faiseurs de ponts avoient tenté d'y en construire un, qu'ils y avoient bâti un hospice, que cet hospice faisait partie d'une chapelle dédiée à sainte-Madelaine, que le peuple appele la chapelle *de la Chêvre*. Il est difficile qu'on ait pu construire un monastère contigu à cette chapelle qui est située sur un rocher isolé et assez étroit, mais le couvent des Pontifes pouvoit être près de là, et plus en face du village de saint-Paul.

La même tradition raconte que saint-Eucher, évêque de Lyon, vécut long-tems dans

une grotte, sur les bords de la Durance, au-
dessous du rocher sur la cîme duquel est
érigée cette chapelle. Une vie de cette évêque
écrite bien des siècles après sa mort, vers l'an
1320, parle de saints personnages qui, dans
le 12e siècle s'étoient établis sur les bords de
la Durance, pour veiller à la sûreté du bac
de Mirabeau et des passagers ; et qu'ils y
avoient fait commencer un pont de pierre.
Ces détails viennent à l'appui de la tradition
locale.

Retournons à la chapelle. Sur un des murs
est incrustée une pierre polie de deux pieds
et demi de longueur, sur un et demi de
hauteur, où l'on trouve l'inscription suivante :

ANNO : DNI : CD : CC : XXX . IX : III : NON

ĀS : IVNN . I . I : SOL : OBSĀURĀ (X) : FVIT.
(·)

✝ : GRĀOĀ : SI COCDENZĀS : CO . FENIRĀS

OX BEN : FĀRA : BEN.

Cette inscription est composée de deux
parties. La première en latin qui indique une
éclipse de soleil, la seconde écrite en pro-
vençal des 12e et 13e siècles, contient un
proverbe du temps.

*Anno domini millesimo ducentesimo trigesimo nono
tertio nonas junii sol obscuratus fuit,*

Grada (granda) si commensas com finiras oc (aussi) ben fara (faras) ben.

Si vous commencez de grandes choses, tâchez de les finir aussi bien que vous les aurez commencées, vous ferez bien.

L'insertion d'un proverbe dans une inscription, n'est pas sans exemple, cependant on ne voit pas trop quel rapport peut avoir celui-ci avec ce qui précède, à moins qu'on n'en trouve avec le pont auquel les hospitaliers travailloient et qu'ils se proposoient d'achever.

Dans les histoires et chroniques de la Provence, je ne vois rien sur cette chapelle, ni sur l'éclipse dont parle l'inscription et qu'elle place en l'an 1239, 3 des nones de juin, mais en consultant la chronologie des éclipses donnée par le P. Pingré dans l'art de vérifier les dates, on voit que non seulement cette éclipse eut lieu à l'époque indiquée, mais qu'en Provence elle fut centrale, conséquemment elle dut dans ces temps d'ignorance répandre la terreur. Précédemment on a vû que la bâtisse commencée du pont d'Avignon coïncide avec une éclipse. On peut présumer qu'il en fut de même pour celui de Mirabeau et pour plusieurs autres.

(31)

Le livre manuscrit appelé petit *Talamus*
de la ville de Montpellier, indique deux
éclipses centrales ou à peu près telles : les 1er
janvier 1386 et 7 juin 1415 (1). En compulsant l'Histoire, on trouveroit peut-être
qu'une dévotion très - peu éclairée sur les
phénomènes de la nature, mais cependant
respectable par ses motifs et son but, fit bâtir
ailleurs à ces mêmes époques des ponts,
des hospices ou former d'autres établissemens
d'utilité publique.

Fontette continuateur de le Long, cite un
manuscrit sur la *maison du pont* de l'ordre
de saint-Benoit en Auvergne : » Gesta Ber-
» trandi Pictaviensis primi domûs de ponte
» in Arvernia fundatoris (2), cité également
par Duchesne (3). Trois lieux en Auvergne
s'appelent *Pont* : *Pont au Mur* sur les fron-
tières d'Auvergne et du Limousin, *Pont Gi-
baud* sur la Sioule et sur la route de Clermont, à Limoges ; *Pont du Château* , petite
ville sur l'Allier et sur la route de Clermont
à Lyon. Elle avoit autrefois un Prieur et conséquemment une maison religieuse près l'an-

---

(1) *Fol.* 156 et 221 du petit *Talamus*.
(2) Fontette, bibliothèque, etc. t. 1, p. 761, n° 227.
(3) Duchesne, p. 181.

cien Pont (1). mais ces renseignemens ne suffisent pas pour décider où étoit la maison du pont dont il s'agit, ni pour assurer que ce fut une colonie des frères Pontifes.

Quand la France était subdivisée en une foule de petits états qui, souvent se faisoient la guerre, il n'était pas facile de faire concourir à la bâtisse d'un pont, les maîtres différens qui dominoient sur les deux rives du même fleuve, mais ils étoient interéssés à ne pas contrarier les efforts d'une activité religieuse qui suppléoit à leur impuissance ou à leur négligence.

Le produit des collectes et des aumônes dans le moyen âge servit à construire beau-coup de ponts, c'est là vraisemblablement l'origine de ceux de Lyon et de Vienne, qu'il ne faut pas comme Paradin, Bouche et Val-banais attribuer à saint- Bénézet, mais à des frères du même ordre, ou à des hommes animés de leur esprit.

---

(1) **Note communiquée par M. Dulaure.**

CHAPITRE VI.

Construction du Pont Saint-Esprit. — Etablis-sement des Frères Pontifes, pour le service de la Chapelle et de l'Hospice près de ce Pont.

———

Dans l'ouvrage intitulé : « Les Antiquités et » Recherches des Villes, Châteaux et Places » remarquables de France, » après quelques détails sur le pont d'Avignon, on lit : » qu'il » y en a un autre de pareille étoffe et struc- » ture au Saint-Esprit, mais on tient qu'il a » été construit par les Romains (1). » Des preuves incontestables déposent contre cette opinion, et cet article n'est pas le seul qui fasse douter si effectivement ce livre a pour auteur André Duchesne et son fils.

Les habitans de Saint-Saturnin de Port, appelé aussi Saint-Savournin et ceux du voisinage désiroient avoir à leur proximité un pont sur le Rhône où la rapidité du cours

———

(1) Voyez t. 2, p. 290.

3

occasionnoit de fréquens naufrages. Des contributions volontaires avoient fait élever celui d'Avignon et beaucoup d'autres. Ces exemples leur promettoient le même succès. Pendant quatre ou cinq ans, ils firent des quêtes dont le produit fut assez considérable pour commencer l'ouvrage. Jean de Thianges, Prieur du monastère des Clunistes de cette ville, qui d'abord s'y étoit opposé, met ensuite la plus grande activité à le faire exécuter. Il déclare que par l'inspiration divine : »In ripa condo- » minæ nostræ ultra Rhodanum quod est pro- » prium allodium beati Petri cluniacensis, » Pontem volumus incipere (1). » Il n'est pas facile d'exposer avec précision la valeur du terme *condomina*, car dans les anciens titres, des idées accessoires modifient l'acception principale de ce mot; Ducange entend par là un *prædium*, un domaine dont on est propriétaire (2). Muratori qui contredit Ducange, suppose que *condoma* ou *condama*, emportent la même idée que *condomina*, et je ne vois pas qu'il le prouve, mais il établit par des citations accumulées, qu'en Italie *condoma* signifioit une personne en servage, soit de

____

(1) Voyez Raynaud, p. 130 et suiv.
(2) Voyez Ducange, au mot *Condomina.*

l'un, soit de l'autre sexe, ou une famille de colons attachés à la glébe (1). Ici les deux auteurs se rapprochent, et si les Clunistes avoient des colons sur la rive gauche du Rhône, par là même il est certain qu'ils y possédoient un domaine; d'ailleurs les mots *proprium allodium* ne permettent pas le moindre doute.

Le 12 septembre 1265, sur cette rive gauche, le Prieur pose la première pierre; le travail se continue avec des peines et des frais immenses pendant 45 ans, et vers la fin de 1309, est achevé un pont qui a environ quatre mètres de largeur dans œuvre, cinq et demi hors d'œuvre et 235 de longueur (2). La même année Philippe-Le-Bel donne des lettres en faveur du *Pont Saint-Esprit*. Ce nom devint commun à la ville et remplaça celui de Saint-Saturnin dont les habitans étoient persuadés, comme le Prieur des Clunistes, que le Saint-Esprit les avoit dirigés (3). Les comtes de Toulouse attachèrent aussi des privilèges à l'établissement du pont.

---

(1) Voyez *Antiquitates italicæ medii ævi*, par Muratori, *in-fol.*, 1738 ; t. 1 , dissert. 14 , p. 795.

(2) Fornéry.

(3) Vaissette , t. 3. p. 608 , dans les Preuves.

Dès l'an 1281, s'étoit formée pour accélérer l'ouvrage une confrairie des deux sexes. Les frères quêtoient et bâtissoient ; les sœurs aidoient les ouvriers par des travaux analogues à leur sexe et soignoient les malades. Ensuite, on appela d'Avignon, des frères Pontifes pour la desserte de la chapelle et de l'hôpital. A la prière de Charles VII, roi de France, et de Coëtivi, évêque d'Avignon, le Pape Nicolas V, donna l'an 1448 en faveur de ces religieux, une bulle qui décèle l'ignorance du tems. Le Pape, confondant les époques et les faits, transporte l'histoire de St.-Bénézet à la bâtisse du pont St.-Esprit, dont il attribue l'entreprise à un jeune berger inspiré du Ciel. Par cette bulle, le Pape confirme aux religieux leurs Statuts, leurs privilèges, la jouissance de leurs biens. Il leur prescrit de porter l'habit blanc avec un morceau d'étoffe rouge appliqué sur la poitrine et qui représente deux arches du pont surmontées d'une croix. L'hôpital ayant été détruit à la fin du 16e. siècle, pour faire place à une citadelle, les frères, seul reste de l'ordre des Pontifes, voulurent dans la suite se séculariser, sans quitter la vie commune, ni l'habit blanc qu'ils portoient encore en 1622, on les appeloit *les prêtres blancs*. En 1633, ils cessèrent la vie commune. Le parlement de Toulouse en

1669 , leur enjoignit de la reprendre ; ils la quittèrent de nouveau en 1676, après avoir changé leur habit blanc en noir, et ils formè- rent sous la jurisdiction de l'évêque d'Uzès, une collégiale qui s'est éteinte avec toutes les corporations religieuses.

Peut-être n'est-il pas inutile de rappeler que, dans la France méridionale, étoit né un autre ordre hospitalier celui .du Saint-Esprit de Montpelier ·coexistant à celui des Pontifes, et qui a de même duré quatre ou cinq siècles. Fondé en 1145 par Gui de Montpelier, il avoit des religieuses du même ordre ; on y faisoit les vœux de pauvreté, chasteté, obéissance et *hos- pitalité*, et dans les devoirs imposés par ce dernier vœu, on comprenoit le soin de recueil- lir les enfans exposés , auxquels on procuroit des nourrices et des layettes. Il s'étendit jus- qu'à l'est de la France , car il avoit à Metz , Toul , Bar, et Vaucouleurs, des hopitaux qu'il perdit, parce que l'autorité gouvernante unit leurs biens à d'autres établissemens. Cependant, des réclamations se firent entendre jusqu'au commencement du 16e siècle. Nicolas Gaultier historien de l'ordre, écrivoit en 1656, que la *transubstantiation* des hopitaux du St.-Esprit , et les prétendues unions de ses chapitres , au lieu de rendre plus sains les ordres auxquels on les avoit aggrégés, les avoient rendus *caco-chymes* (1). J'ignore si ces plaintes étoient fon-dées, je vois seulement qu'elles n'eurent aucun succès.

---

(1) Abrégé de l'Histoire de l'Ordre du Saint-Esprit, par Nicolas Gaultier, commandeur du Saint-Esprit de Montpelier, 2ᵉ édit. *in*-12, Pezenas., 1656, p. 80.

CHAPITRE VII.

Frères Pontifes en Italie ; leur établissement à Saint-Jacques-du-Haut-Pas de Lucques, et Saint-Jacques-du-Haut-Pas de Paris.

Hᴇʟʏᴏᴛ présume que l'ordre des Pontifes n'est autre que celui des hospitaliers de Saint-Jacques-du-Haut-Pas de Lucques (1), auquel il lui plaît d'agréger saint-Bénézet. L'identité de ces Hospitaliers et des Pontifes est, sinon certaine, du moins probable, mais Helyot ne produit aucun garant de cette opinion dans sa notice incomplette et fausse à plusieurs égards. Pour suppléer à ses omissions et rectifier ses erreurs, il suffit de consulter l'Itinéraire (*hodoeporicon*) du savant abbé Lami (2) et *Sanctæ Ecclesiæ Florentinæ Monumenta* (3) du même auteur.

(1) Voyez Helyot, Histoire des Ordres Monastiques, t. 2.

(2) Dans ses *Deliciæ Eruditorum*, t. 11, p. 12 et 13.

(3) 4 vol. *in-fol.*, 1758, Florence, t. 3, p. 852, 853, etc.

L'hopital Saint-Jacques-du-Haut-Pas de *Alto passu*, nommé aussi de *Altupascio* et *Turpascio* étoit, non dans la ville de Lucques, comme le croyoit Helyot, mais sur les confins du territoire de cette république et de celle de Florence, dans une contrée autrefois dépendante de l'évêché de Lucques, actuellement de celui de Sanminiato. Cet hopital fondé dans le 11ᵉ siècle par douze hommes pieux, forma bientôt une congrégation nombreuse composée de prêtres, de chevaliers, de frères convers. On y admit même des gens mariés, qui alors se séparoient de leurs épouses du consentement de celles-ci, et en qualité de sœurs elles pouvoient être aggrégées au même institut.

Le chef étoit appelé *Magister, Dominus, Custos, Rector* ou *Pleban ;* car ce dernier titre se trouve dans un acte de l'an 1233, par lequel le *noble Pleban de Altupascio*, au nom de l'établissement qu'il dirige, est mis en possession de terres situées dans la vallée de l'Arno. Dans un autre acte, le chef se qualifie *Maître général de l'hospice de Saint-Jacques-du-Haut-Pas*, soumis immédiatement au Saint-Siège, et de l'ordre de Saint-Augustin; mais en 1239, Grégoire IX accorde au maître (c'étoit alors Gallic) la faculté de suivre la règle des hospitaliers de Saint-Jean de Jérusalem, avec stipu-

lation expresse que ceux-ci n'exerceront aucune jurisdiction sur l'hôpital : cependant **en**
1445, Eugène IV, nomme maître de l'hôpital,
un chevalier de Rhodes, patricien de Florence.

Les fonctions de ces religieux étoient absolument les mêmes que celles des Pontifes; recueillir les malades, les indigens, donner main-
forte aux voyageurs contre les brigands, établir sur les rivières des Bacs et des Ponts, en-
tretenus au moyen d'un léger péage, dont les
pauvres étoient exempts. *Viarum, pontium et
fluminum trajectum procurationem gerebant.*
C'est le texte de Lamy. Il leur attribue entre
autres la construction d'un Pont, non loin de
Florence, dont l'inscription, qui est de l'an
1290, est rapportée dans les *Éphémérides littéraires* de cette ville (1).

On lit dans les *Antiquités de Paris*, par
Dubreuil, (2) que le grand hôpital de Lucques, avoit fait un pont sur *l'Argue-le-Blanc,*
et comme il n'y a pas de rivière de ce nom en
Toscane, Helyot croit qu'il faut lire *l'Arno;*
c'est vraisemblablement le pont de St.-Allucio,
sur lequel on trouve des renseignemens éten-

---

(1) Voyez l'an 1747, p. 276.

(2) Antiquités de Paris, *in-4°*, Paris, 1639, l. 2, p. 435
et suiv.

dus dans les *Memorie di Pescia* par Placide Puccinelli (1).

Allucio, né dans le 11ᵉ Siècle, eut pour première occupation, de garder les bestiaux, ensuite, il se dévoua au service d'un hôpital. Les pauvres, les voyageurs, les veuves, les orphelins étoient assurés de trouver en lui un bienfaiteur. Sa vie angélique étant une sorte de miracle continuel, étendit au loin sa renommée, et lui procura dans le pays un ascendant dont il n'usa jamais que pour multiplier ses bonnes œuvres

Il érigea trois hôpitaux, dont un près de l'Arno; les débordemens de ce fleuve, alors très-périlleux pour les passagers, occasionnoient souvent des naufrages, ce qui lui suggéra l'idée de bâtir un pont. L'intérêt privé toujours opposé au bien public, ameuta contre lui des hommes qui entretenoient quelques chétives barques pour les voyageurs; mais enfin, ils cédèrent à ses instances, et telle fut l'origine du pont de l'Arno, qui, ainsi que l'hôpital, prit le nom de St.-Allucio, décédé en 1134. Des chartres de 1313, 1354 et 1443, disent qu'il étoit de l'ordre de St.-Jean de Jérusalem.

---

(1) *In-4°*, Milan 1664, p. 346 et 369.

(43)

On a vû précédemment, que depuis l'an
1239, l'hôpital St.-Jacques de Lucques, sui-
voit la règle du même ordre sans y être ag-
grégé.

Dès l'an 1322, l'ordre de St.-Jacques de
Lucques, avoit un Palais à Florence. Lamy ne
craint pas d'avancer qu'il possédoit des terres et des maisons dans tout le monde, *per
universum orbem* (1).

Philippe-le-Bel, confia à ces religieux la direction de l'hôpital de Paris, qu'il avoit fondé
au faubourg St.-Jacques, et qui fut aussi appelé *du Haut-Pas*, non à cause de l'élévation
du terrein, mais parce qu'il *dépendoit* de celui
de St.-Jacques-du-Haut-Pas de Lucques. Cette
dénomination est restée à une paroisse située
dans ce quartier, depuis que le consentement
donné par le commandeur de l'hôpital, l'évêque
de Paris, Guillaume-Viole, fit ériger la chapelle
en succursale, qui depuis, est devenue paroisse. Une seule phrase de l'acte d'érection en
fera connoître le style : « L'évêque permet aux
« habitans d'avoir des chapelains *qui dient*,
« *chantent* et célèbrent à *haute voix* et avec
« *chant* les offices divins. »

____

(1) Voyez *Sanctæ Ecclesiæ Flor. Monumenta*, t. 3,
p. 506, 2ᵉ colonne.

M. Fauris de St.-Vincent m'assure que les hospitaliers de St.-Jacques-du-Haut-Pas, avoient des biens en Provence, ce qui fortifie la présomption de leur identité avec les Pontifes. L'emplacement de leur maison située sur une éminence qui à cette époque étoit hors de l'enceinte de Paris, les dispensoit de conduire sur des bacs les Voyageurs et les Pélerins, mais ils leur donnoient l'hospitalité. Outre leur grand-maître résidant en Italie, ils avoient pour la France un commandeur général, cela est prouvé par une épitaphe que Dubreuil a insérée dans ses *Antiquités de Paris* (1). Elle fait présumer qu'ils avoient en France d'autres maisons. Les figures en demi-relief des tombes alors existantes, prouvent que sur l'habit ils avoient la figure d'un marteau, quelquefois ressemblant au maillet d'un tonnelier, quelquefois en manière de hache ou avec deux pointes, mais le manche est toujours pointu (2). On retrouve les mêmes figures gravées par Lamy, d'après les bas reliefs sculptés sur la tour de l'Eglise de St.-Jacques-du-Haut-Pas de Lucques.

En 1552, Jean de Médicis, fils du grand duc Côme et archevêque de Pise, étoit maître

----

(1) Dubreuil, *ibid.*
(2) *Ibid.*

du Haut-Pas; un de ses frères lui succéda en 1562 dans la direction de cet hôpital chef-d'ordre sur lequel la famille Capponi exerçoit, à ce qu'il paroît, une sorte de Patronage, car c'est avec son autorisation qu'en 1590, il fut réuni à l'ordre de St.-Etienne. Ainsi Hélyot s'est trompé de nouveau, en disant que Pie II l'avoit supprimé en 1459. Il avoue d'ailleurs, que cet ordre se maintint en France; l'épitaphe dont on vient de parler est de l'an 1526. Il y avoit encore quelques-uns de ces religieux dans leur maison de Paris, lorsqu'en 1572, Charles IX y transféra des Bénédictins, qui furent ensuite remplacés par les Oratoriens de St.-Magloire (1). Un édit de Louis XIV en 1672, unit à l'ordre de St.-Lazare, les biens de plusieurs ordres militaires et hospitaliers parmi lesquels il compte St.-Jacques-du-Haut-Pas (2).

____

(1) *Ibid.*
(2) Helyot, t. 2.

CHAPITRE VIII.

Notices concernant des Ponts que le zèle religieux fit construire en Espagne, en Portugal, dans la Grande-Bretagne, et surtout en Suède, par Benoît, Évêque de Scare, Contemporain de Saint-Bénézet.

———

LA tiédeur des chrétiens, dans le moyen âge, ayant forcé l'Église à se relâcher sur la sévérité des peines canoniques, on en commuoit une partie en œuvres pies d'un autre genre. Le P. Morin de l'Oratoire, dans un savant *Commentaire Historique* sur la pénitence, remarque que vers le milieu du 12e siècle, on regardoit, comme actions méritoires, non seulement de bâtir des églises, de se dévouer au service des pauvres, des malades, mais encore de rendre les chemins praticables, d'ouvrir des routes, de construire des *ponts* (1). Cependant, le

———

(1) Voyez *Commentarius historicus de Discipl. in administratione sacramenti Pœnitentiæ*, etc., *autore J. Morino in-fol. Parisiensi* 1651, l. 10, c. 22. p. 768 et suiv.

père Morin pouvoit remonter à une époque bien antérieure, et citer Théodoret évêque de Cyr, qui, dans une lettre au Patrice Anatole, lui dit : « Vous savez que nous avons employé « une grande partie des revenus ecclésiastiques « à faire des portiques, des lavoirs, des ponts « et autres édifices utiles au public. En cela, « nous considérions plus l'avantage des pau- « vres que celui des riches (1). »

Ces bâtisses de ponts sont citées comme bonnes œuvres dans les écrits de Pierre-le-Chantre et de Robert de Flammesbourg, péni-tencier de l'abbaye St.-Victor à Paris, qui, l'un et l'autre vivoient au 12e siècle. Ce dernier parle avec éloge de cet usage alors très-répan-du (2). Les monumens recueillis par Dom-Martenne, nous montrent un comte Odon, qui, par piété, bâtit un pont à Tours (3).

Les pélerinages entrepris, les uns par un mouvement spontané de dévotion, les autres imposés comme pénitence, devinrent très à la mode dans le moyen âge et jusqu'au 16e siè-

---

(1) Voyez *Theodoret Epist.* 79 ; *et Joan. Launoi, De Veteri Ciborum Delectu in Jejuniis Christianorum ; in-8°, Lutetiæ*, Paris. 1663, p. 36, etc.

(2) Voyez Morin, p. 769.

(3) Voyez *Martenne*, 2e partie, p. 25.

cle. Par une conséquence naturelle, tout ce qui pouvoit les faciliter, avoit une empreinte religieuse : ainsi, loger les Pélerins, leur procurer sûreté et commodité, leur ouvrir des routes, bâtir des ponts, établir des hospices, étoient des actes méritoires.

Les pélérinages les plus fréquens étoient ceux de Rome, Jérusalem et St.-Jacques de Compostelle. Quelques chroniques élèvent à plus de dix mille le nombre des voyageurs qui, dans les siècles 10, 11, 12 et 13, se rendoient annuellement à Saint-Jacques. Pour y arriver, les Italiens, les Français, les Allemans, et en général les pélerins du nord franchissoient les Pyrénées. Sous les Romains, trois grandes routes citées dans l'itinéraire d'Antonin, partoient de France, traversoient cette chaîne de montagnes se réunissoient dans ce qu'on nomme aujourd'hui la province de *Riosa*, près de Miranda d'Ebro, et là elles se réunissent encore, car le zèle religieux les a entretenues.

La première de ces routes qui part de Barcelone, se nomme actuellement le chemin des *Romeros* c'est à dire des Pélerins ainsi appelés parce qu'ils étoient censés venir de Rome ; dans la langue espagnole *Peregrinacion* et *Romeria* sont synonimes. La seconde route depuis

le Bearn par Campfranc et Jacca s'appelle le
Chemin François. La plus occidentale depuis
la Basse-Navarre par Roncevaux conserve le
nom de *chemin des Templiers*, parce qu'en
Espagne ces chevaliers, comme les frères Pontifes en France, avoient soin de rendre les
routes praticables et de protéger les voyageurs.

L'opinion générale des hommes instruits
dans l'histoire espagnole des 12ᵉ et 13ᵉ siècles,
est que l'entretien des trois routes romaines
dont on a parlé, est dû aux Templiers. On
leur attribue également la bâtisse de la plù-
part des ponts, des hospices et hôpitaux, depuis le Roussillon jusqu'à Saint-Jacques-de-
Compostelle dans les provinces de Catalogne,
Aragon, Navarre, Riosa, Burgos, Palencia,
Léon, Astorga et Galice. Quelques-uns de ces
ouvrages, en faveur des pélerins, ont eu pour
fondateurs des Rois ou des particuliers ; tels
sont le célèbre hôpital de Roncevaux, celui
de Carrion-de-Los-Condees, celui de Villa-
Franca, de Montes-de-Oca, et près de Burgos,
l'hôpital des Romeros, qui est encore aujour-
d'hui le plus riche de l'Espagne ; mais on
tient pour constant que la plûpart de ces
établissemens ont été conseillés et sollicités.

par les chevaliers du Temple, dont le zèle en a secondé l'exécution.

Dans le 13ᵉ siècle, Saint-Gonsalve-d'Amaranthe, dominicain portugais, affligé de savoir que plusieurs personnes avoient péri au passage du fleuve Tamarga, y fit bâtir un pont auquel il travailla lui-même (1). La bienheureuse Mafalda, reine, fille de Sanche, roi de Portugal, décédée en 1290, déploya un zèle mémorable pour toutes les entreprises utiles à la société, au nombre desquelles les Bollandistes comptent celle de faire construire des ponts (2).

Saint-Dominique l'Hermite, connu sous le nom de Saint-Dominique de la Calzada, établit pour les pélerins un hôpital, et bâtit un Pont sur la rivière d'Osa qui donne son nom à la province de Riosa. Pour le construire, il fut aidé par son disciple et compagnon Saint-Jean l'Hermite, appelé Saint-Jean d'Ortega.

Celui-ci fit ouvrir des routes auxquelles il travailla lui-même, et construisit trois ponts, un à Logrogne-sur-l'Ebre, un autre sur la rivière d'Iregua près la même ville, et celui

---

(1) Voyez Bolland, t. 1, 10 janv. p. 646.
(2) Voyez Bolland, 2 mai, p. 764.

de la ville de Naxera, sur la rivière appelée Naxerilla (1).

Alvaro, évêque de Coria, dont on lit un éloge si touchant dans Cavanilles (2), fit bâtir un hôpital et tous les ponts de son diocèse : pour satisfaire à cette dépense, il avoit vendu sa bibliothèque et ses meubles (3). Ce genre de bonnes œuvres s'est renouvellé de nos jours. Dans toutes les îles Canaries furent établis des hôpitaux pour les malades, des hospices pour les enfans trouvés, et des écoles par les soins et aux dépens de l'évêque de cet archipel, l'illustre Tavira, mort en 1807, évêque de Salamanque (4). Dans l'assemblée des Cortès en 1813, l'évêque d'Iviça, vieillard respectable, ayant quarante-quatre ans de ministère, citoit avec l'applaudissement de l'assemblée, les maisons de miséricorde, les chemins, les ponts et autres monumens que l'Espagne doit à la générosité de ses prélats (5).

---

(1) Voyez Bolland, 2 juin, p. 262.

(2) Voyez Cavanilles dans ses observations sur l'article *Espagne* de l'Encyclopédie.

(3) Voyez l'Espagne en 1808, par M. Rehfues, *in-8°*, Paris 1811, t. 4, p. 170.

(4) Voyez Rehfues, *ibid*.

(5) Voyez le *Diario* des Cortès, t. 20, p. 172 et suiv.

Caraccioli dans ses *lettres récréatives et mo-
rales*, raconte qu'a l'époque ou M. de Coislin,
évêque de Metz, y faisoit bâtir des casernes,
un maréchal de France établissoit un séminaire.
Caraccioli auroit pu ajouter que ce prélat dont
le souvenir est cher à ses diocésains, parmi
lesquels il a répandu tant de lumières, de
bienfaits et de bons exemples, fit bâtir aussi
un vaste séminaire, et que les casernes construites à ses frais, étoient un bienfait qui
déchargeoit les Messins du fardeau des loge-
mens militaires aussi onéreux par les dépenses,
que funeste aux mœurs. Ce fait et ceux qui le
précèdent sont des traits mémorables de la
sagesse chrétienne qui, donnant au précepte
d'aimer le prochain une direction spéciale,
la fait tourner au profit de la société. Ici s'in-
tercale naturellement une anecdote qu'on lira
certainement avec plaisir.

Dans le siècle dernier un curé du royaume
de Naples, affligé de voir que le territoire de
sa paroisse étoit entièrement dégarni d'arbres,
mais trop peu fortuné pour entreprendre des
plantations à ses frais, trouva dans l'exercice
de son ministère le moyen d'y suppléer. Pour
supplément de pénitence il enjoignoit à ses
paroissiens de planter un certain nombre d'arbres. Par ce moyen, dans l'intervalle de quel-

ques années une contrée nue et brulée par le soleil, se couvrit de fruits et d'ombrages.

Des écrivains Protestans avouent que dans le moyen âge, la piété du clergé catholique avoit érigé dans la grande Bretagne, beaucoup de monumens d'utilité publique, entr'autres des Ponts. L'évêque d'Aberdeen en avoit fait construire un sur la rivière de Dee; un autre très-remarquable sur l'Eden, étoit dû aux soins de l'Archevêque de Saint-André (1). Par des ouvrages consacrés au bien général, on espéroit attirer la miséricorde divine sur soi, sur ses amis, ses parens décédés. Cela devint fréquent sur-tout dans le Nord, car la loi des Ostrogots statue que si « quelqu'un, pour le » salut de son ame a bâti un pont, l'entretien » ne sera pas à sa charge, à moins qu'il n'y » consente (2) ».

L'histoire de la Suède catholique fournit à ce sujet des anecdotes curieuses, insérées dans les *Acta Litteraria Suæciæ* (3). Olaus Celsius, qui a recueilli soigneusement les antiquités scan-

---

(1) Voyez *The Annual Register* 1808, *in-8°*, London, p. 176, dans la partie intitulée l'*Histoire de l'Europe*

(2) Voyez *Tit. de Ædif.* c. 4. §. 2.

(3) *In-4°* Upsal et Stockolm, t. 2, année 1727, p. 272 et suiv.

dinaves, rapporte beaucoup d'inscriptions runiques sur des Ponts, bâtis par le motif dont
on vient de parler, car il y est formellement
exprimé. Croire que quand nos amis et nos
proches nous ont précédés dans la route de l'é-
ternité, nous pouvons encore leur être utiles
dans le nouvel ordre de choses où ils sont en-
trés, et accélérer pour eux la jouissance du
bonheur ; ce dogme catholique, parfaitement
en harmonie avec les inspirations les plus
douces de la nature, plaira toujours aux âmes
sensibles, dont la tendresse franchit les bornes
de la vie, pour suivre ceux qu'elle aime au-
delà du tombeau ; mais Celsius s'en irrite :
c'étoit, dit-il, « l'erreur de nos ancêtres à l'é-
» poque où ils étoient entourés de fraudes
» monacales, on leur persuadoit que la cha-
» rité est la règle des bonnes œuvres, et qu'a-
» nimés de ce principe elles étoient agréables
» à Dieu ». Celsius fait un effort pour modé-
rer sa colère en parlant de ces édifices profi-
tables à toute la société, et qui ont à ses yeux
un caractère de catholicisme ; car il a grand
soin de dire qu'ils sont l'ouvrage de chrétiens
papistes, *christianorum papizantium* (1).

---

(1) Le lecteur lira sans doute avec intérêt les deux

Un des plus célèbres constructeurs de Ponts cités par l'académicien suédois, est Benoît, évêque de Scare, qui vivoit entre les années 1178 et 1191. *Cui in beneficiendo nullus vel antè, vel post eum repertus est similis.* C'est ainsi que le caractérise une chronique publiée par Stiernhielm. *Benedictus*, Benoît, évêque de Scare et faiseur de Ponts, étoit contemporain de *Benedictus* Bénézet, fondateur du Pont d'Avignon. L'analogie de caractère, l'identité de noms et d'époques pourroient favoriser quelque erreur historique.

Dans Rhyzelius, on voit que Benoît, outre les églises de Saint-Pierre et de Saint-Nicolas à Scara, et quatre autres dans son diocèse,

---

inscriptions suivantes, rapportées par Celsius concernant les routes nouvelles :

> *Straverunt alii nobis, nos posteritati,*
> *Omnibus ut Christus stravit ad astra viam.*

La suivante fut trouvée dans le duché d'Anhalt, en 1696. Voyez p. 274.

CUM DEO ET DIE.

Te melius nemo dicat, miserande viator,
Quanta per hoc quondam sis mala passus iter;
Quotque hic cornipedum perierunt agmina, quando hæc
Non nisi limosus semita gurges erat,
Nulla moram tibi dehinc parient obstacula, nunc jam
In lapide et solida perge, licebit, humo.
Hoc dederat munus patriæ pius ille probusque,
Qui a Christo, princeps, nomina duxit. Abi.

construites à ses frais, fit percer des routes à travers les forêts, les bruyères de la Westrogothie, et bâtit quatre grands Ponts de pierre, savoir, Osebro (à présent Nybro), Finwadzbro, Biornabro et Ullarwadsbro (1). Brockman compte cinq Ponts construits par cet évêque dans son diocèse (2), pour servir Dieu. Ce même auteur parle d'une formule qui se trouve dans les inscriptions runiques, en parlant de Ponts construits pour l'âme (le repos de l'âme) de quelqu'un.

Si les autres pays avoient été aussi zélés que la Suède pour recueillir les documens du moyen âge, probablement on en eût trouvé de pareils à ceux que Celsius a publiés, puisqu'en diverses contrées on remarque un empressement simultané pour défricher des landes, saigner des marais, ouvrir des routes au commerce, aux voyageurs, et construire des Ponts. C'étoit le résultat d'une doctrine dont les frères Pontifes de France étoient les propagateurs et les apôtres. Des recherches ultérieures découvriront peut-être qu'il existoit jadis dans la Scandinavie quelque société semblable.

---

(1) *Episcoposcopia suiogothica*, par Rhyzelius.

(2) Brokman dans l'édition de la *Saga d'Ingwar, Widsfarne*, publié à Stockholm en 1762.

CHAPITRE IX.

Société des Frères de Roschild en Danemark.

Les fastes du Danemark nous montrent une association contemporaine de celle des frères Pontifes, qui offre avec elle une sorte d'analogie.

Dans un pays comme l'île de Zélande, il étoit facile de pourvoir à la sûreté des chemins, et il y avoit très-peu de Ponts à construire ; mais les mers voisines et surtout la Baltique, étoient infestées de pirates ; par les bayes, ils pénétroient jusqu'au centre de l'isle. Leurs aggressions journalières nécessitoient une guerre permanente, dans laquelle se distingua contre eux le célèbre Absalon évêque de Roschild. Ce personnage qui figure dans l'histoire d'une manière si éclatante, comme Prélat, comme ministre d'État, comme Général, unissoit aux vertus ecclésiastiques, les talens d'un publiciste et le courage des guerriers. Saxon le Grammairien l'appèle *Piratarum-Domitor*, vainqueur des Pirates (1). C'est peut-être par

______

(1) Voyez *Saxonis grammatici Historia Daniæ li-*

ses conseils que fut établie vers l'an 1170, sous le Roi Suenon III , la Société appelée *Piratica-Roschildensis*, dont le titre est équivoque , mais dont l'objet étoit de combattre les écumeurs de mers. On prétend que les premiers sociétaires avoient figuré dans la seconde croissade , et qu'ensuite leur confédération fut la tige d'où sortit l'ordre *de l'Eléphant ;* mais ces derniers faits , ne sont que des conjectures vagues qui s'égarent dans les ténèbres du moyen âge.

La Société des *frères* de Roschild , nommée aussi *Piraterie-Roschildienne* , dont on a encore les statuts , étoit plutôt militaire qu'ecclésiastique, mais par les détails que donne Saxon le grammairien , on voit que le sentiment religieux et l'esprit du Christianisme avoient présidé à leur union, et qu'ils dirigeoient leur conduite.

S'aggréger à leur ordre, c'étoit se condamner à un régime dietetique très-sévère , à des travaux continuels et pénibles (1). Pour leurs incursions nautiques, ils avoient droit d'employer les navires de tout habitant, au moyen d'une

---

bri 16, *ex recensione Stephanii, edidit* Clotzius, *in*-4°, *Lipsiæ* 1771 , p. 529.

(1) Voyez *ibid.* l. 14, p. 406, etc.

indemnité. Avant de tenter une entreprise, ils confessoient leurs fautes et recevoient l'Eucharistie, persuadés qu'étant en paix avec Dieu, ils déployeroient plus de bravoure, et que leurs succès seroient plus assurés. Quand ils arrachoient des chrétiens captifs des mains des forbans qui étoient tous payens, on donnoit à ces captifs des habits, et ils étoient reconduits dans leurs familles avec sécurité; puis le butin fait sur l'ennemi étoit partagé entre tous les frères à l'égal, et sans que le chef même pût prétendre à un lot plus fort que le dernier admis dans la Société.

Si les *Frères de la piraterie* étoient dans le besoin, ils recouroient à la générosité de leurs compatriotes, et remboursoient ensuite les avances qu'on leur avoit faites au moyen de captures sur l'ennemi.

Le premier chef de la société fut un nommé Wetheman qu'on voit figurer avec distinction dans beaucoup d'entreprises, et que Saxon appelle *piratiæ operibus clarum* (1).

La confiance générale fut le prix des services éminens que rendoit la société. Elle prit des accroissemens rapides, et bientôt embrassa toute la Zélande. Sa réputation étoit

----

(1) Voyez Saxon, *ibid.* p. 447.

même parvenue à Rome, s'il est vrai que le Pape voulut engager Canut VI à l'ériger en ordre militaire contre les Livoniens. On présume qu'Absalon détourna le Roi d'accéder à cette demande. Les rapports dans lesquels se trouvoit Canut avec les deux ordres militaires déjà établis en Livonie, lui firent peur d'un troisième; alors il prit les frères de Roschild à son service.

Il paraît qu'ils ont eu leur prélat particulier, et que c'étoit le prévôt de Roschild; car au commencement du 16e siécle, époque à laquelle ils existoient encore, ce prélat se servoit des armoiries de cette société (1).

Diverses contrées du Nord devenues chrétiennes, tandis que d'autres étoient encore dans les ténèbres du paganisme, furent respectivement et pendant quelques siècles dans la même situation que l'Europe, à l'égard des puissances barbaresques. Cependant je ne vois pas qu'aucune nation chrétienne ait pactisé avec ces forbans du Nord, ni acheté une trêve par l'ignominie d'un tribut annuel.

____

(1) Renseignemens donnés par M. Munter, de l'Académie des Sciences de Copenhague.

CHAPITRE X.

Conclusion.

LES détails qu'on vient de lire, offrent une nouvelle preuve qu'aucune sorte de bonnes œuvres n'est étrangère au christianisme. Toutes se placent naturellement dans son domaine. Les établissemens, dont on a parlé, sont-ils autre chose que l'accomplissement du précepte de la charité dont le mérite s'accroît par son application à une portion plus nombreuse de la société? ces monumens construits sous les auspices de la religion par des hommes les uns isolés, les autres réunis en congrégation, sont simultanément un bienfait public et un hommage à la sainteté de l'évangile.

Je crois avoir prouvé que sous des formes variées l'ordre des frères Pontifes a existé tant en France qu'en Italie pendant environ cinq siècles. Faisant vœu de pauvreté, ils dédaignoient les faveurs de la fortune; vivant dans le célibat et la retraite, ils se rattachoient au monde

par un dévouement héroïque, car leurs fonctions étoient journalières, pénibles et dange-
reuses. Loger les voyageurs, les soigner s'ils
étoient malades, leur faciliter le passage des
rivières, les escorter et leur prêter main forte
contre les aggressions de brigands souvent
attroupés dans ces tems d'anarchie, construire
des ponts, des bacs, des digues, des chaussées,
telles étoient les occupations continuelles des
frères Pontifes qui par là contribuèrent à
développer quelques branches d'industrie et
furent sous plusieurs rapports les restaurateurs
de l'architecture et du commerce. De nos jours
les arts perfectionnés et la police plus éclairée
ont rendu les communications plus sûres, plus
faciles, mais cette considération n'absoudroit
pas d'ingratitude la postérité qui méconnoîtroit
les services rendus par ces congrégations hospi-
talières, et militaires comme celle des chevaliers
Templiers, Teutoniques et de Saint-Jean de Jérusalem. Ces trois ordres occupent une large
place dans l'histoire, tandis que les Pontifes
sont presque inapperçus. Cette différence s'explique aisément.

Les chevaliers par leur naissance et leur
opulence appartenoient presque tous aux familles, si non les plus estimables, du moins
les plus considérées et les plus bruyantes; jouis-

sant d'un *crédit étendu* et entourés de richesses, ils prirent une part active aux hautes entreprises, s'immiscèrent dans les gouvernemens et devinrent ensuite puissances politiques ; est-il surprenant qu'ils ayent occupé les trompettes de la renommée ? ils étoient placés à une distance énorme de ces modestes Pontifes qui n'étoient point issus de la caste privilégiée et dont les dotations étoient la plupart trop modiques pour éveiller la cupidité. Quelques-unes cependant furent envahies où acceptées par l'ordre de Saint-Jean de Jérusalem.

Leurs études étoient sans doute fort restreintes. Aucun d'eux ne figure dans les controverses théologiques, ni dans les discussions littéraires de leurs tems. Aucun d'eux n'est cité comme écrivain si ce n'est Elias de Barjols prêtre et poëte qui en 1222 fit profession chez les Pontifes d'Avignon, sans doute, pour expier les écarts d'une vie dissipée et peu ecclésiastique.

Les Frères Pontifes contens de remplir des fonctions obscures, mais respectables, et qui leur laissoient très-peu de relâche, ont par-là échappé à l'envie et à la célébrité. Leur conduite habituelle a réalisé un conseil d'humilité que Duguet a redigé en forme de maxime : « Ne » penser à édifier les autres que parce qu'on

» pense à bien vivre. Ne paroître religieux au
» dehors que parce qu'on ne peut ôter à la
» piété ni sa chaleur, ni sa lumière » (1).

L'Histoire plus soigneuse de recueillir des
forfaits que des vertus, les avoit presque lais-
sés dans l'oubli. Elle eût couvert ses pages de
leurs noms, s'ils avoient tourmenté l'espèce
humaine. Les troubadours, leurs contempo-
rains, qui n'en parlent pas, les auroient pré-
conisés, s'ils avoient eu les moyens et la volonté
de les soudoyer; mais puisque les Frères Pontifes n'ont fait que du bien, n'est-il pas juste
de revendiquer pour eux l'estime de la postérité, et de leur assigner une place honorable
dans les annales ecclésiastiques ?

---

(1) Traités des dispositions pour offrir les SS. Mystères,
2° part. *in-12*, Paris 1734, p. 56.

FIN.